河南省原生鱼类图谱

鹤壁市

◎ 赵黎明　李旭东　许晓军　主编

中国农业科学技术出版社

图书在版编目（CIP）数据

河南省原生鱼类图谱．鹤壁市 / 赵黎明，李旭东，许晓军主编．-- 北京：中国农业科学技术出版社，2023.12

ISBN 978-7-5116-6668-0

Ⅰ．①河…　Ⅱ．①赵…　②李…　③许…　Ⅲ．①鱼类－鹤壁－图谱　Ⅳ．① Q959.408-64

中国国家版本馆 CIP 数据核字（2023）第 256655 号

责任编辑　李　娜　朱　绯
责任校对　马广洋
责任印制　姜义伟　王思文

出 版 者　中国农业科学技术出版社
北京市中关村南大街 12 号　　邮编：100081
电　　话　（010）62111246（编辑室）　（010）82106624（发行部）
（010）82109709（读者服务部）
网　　址　https：// castp.caas.cn
经 销 者　各地新华书店
印 刷 者　北京建宏印刷有限公司
开　　本　145 mm×210 mm　1/32
印　　张　3.25
字　　数　51 千字
版　　次　2023 年 12 月第 1 版　2023 年 12 月第 1 次印刷
定　　价　98.00 元

《河南省原生鱼类图谱》

编 委 会

《河南省原生鱼类图谱—鹤壁市》
编 委 会

序

河南是全国农业大省，也是我国中部重要的渔业省份，自南向北跨长江、淮河、黄河、海河四大水系，渔业可利用水域面积近800万亩。渔业是河南省农业和农村经济中的重要产业，对促进农业产业结构优化、增加农民收入、保障粮食安全等发挥了重要作用。

河南地处中原，是中华文明的发祥地，由于受到人类活动的长期影响，渔业资源呈现衰退趋势。党的十八大以来，河南按照“绿水青山就是金山银山”理念，大力实施增殖放流、长江禁捕、禁渔期管理、水域生态环境保护、水生野生动物保护等各项措施，不断完善渔业资源保护管理制度，持续增强水生生物资源养护力度，推动渔业与资源保护协调发展，生态文明建设取得明显成效，逐步探索出了一条产业发展与生态环保相结合、绿色可持续的高质量发展之路，取得了历史性变革和举世瞩目的巨大成就，对保障农产品供给和食物安全、增加农民收入和农村就业、加强生态文明建设发挥了重要的作用。

鹤壁市位于河南省北部，属海河流域，本图谱共收录鹤壁市原生鱼类46种，既具科学性与系统性，又通俗易懂，便于查阅使用，是一部关于原生鱼类资源保护方面较为直观、准确的工具书，可供当地渔业主管部门和相关科研、推广、教学单位，社会团体以及原生鱼爱好者参考使用。

前言

为加快摸清我国水产种质资源家底和发展变化趋势，农业农村部自2021年起组织开展了我国首次水产养殖种质资源普查，并先后遴选公布了我国“十大水产优异种质资源”和“十大特色水产种质资源”。其中，既包含具有营养观赏价值、传承渔业文化的特色名贵鱼类，也涵盖了科研价值极高、开发前景广阔的稀有水生生物资源。通过水产养殖种质资源普查，既发掘抢救保存了大量水产种质资源，又提高了公民对生态保护的意识。

本图谱编制工作得到了河南省农业农村厅财政项目“水产养殖和生物多样性保护技术服务”和河南大宗淡水鱼产业技术体系（HARS-22-16-T）的支持。调查采样涉及鹤壁市浚县、淇县、淇滨区、山城区、鹤山区5个行政区，选择经典休闲垂钓区域、河流交汇处或水库湖泊进出口处作为重点标本采集地点。利用抄网、撒网、刺网、抬网、底置笼网等渔具，在采样点的浅缓流水区、湾沱的缓流水区和近岸浅水区捕捞小型鱼类，并联系当地渔民捕捞，同时收集农贸早市出售的当地野生鱼类。编者共计走访当地渔政、渔民、鱼贩、钓鱼者、原生鱼爱好者等超过百余人，收集整理现有的历史文献参考资料十余份，拍摄鱼类和生境照片2 500余幅，挑选其中精品制作本图谱。

本书记载了采集到的鹤壁市原生鱼类46种。其中，鲤形目31种、鲈形目6种、鲇形目4种、刺鱼目1种、合鳃鱼目2种、颌针鱼目1种、胡瓜鱼目1种。

本书采用图文并茂的形式重点介绍了原生鱼类。原色图片附有鱼的名称、地方名、分类地位、鉴别特征、生活习性、种群状况、地理分布等多方面的扼要文字说明。鱼类分类系统主要参考《中国动物志》，同时参考了《中国淡水鱼类检索》《中国鱼类系统检索》《河南鱼类志》等权威出版物。图片拍摄是野外采集到活体标本后，放入专用鱼缸，随机现场拍照，力求为人们提供清晰、直观的图片，真实地展现鱼类原本色彩和具体形象，易于了解辨认，也将科学性与艺术性融为一体。同时，部分鱼类附有生境照片。

本书的出版，为渔业生产，资源保护，以鱼养水、护水与生态修复提供了参考资料。挖掘有潜在价值的鱼类种质，加以保护性开发，利于丰富养殖品种，加快渔业供给侧结构性改革，促进渔业绿色发展。

由于编者学识水平有限，时间仓促，遗漏和不妥之处在所难免，敬请专家及广大读者提供材料，批评指正，以便再版时更正和增补。

编　者

2023 年 6 月

目录

鲤形目 Cypriniformes

鲈形目 Perciformes

鲇形目 Siluriformes

鲤形目
Cypriniformes

鲤科 Cyprinidae

鲤亚科 Cyprininae

鲤属 *Cyprinus*

1．鲤（*Cyprinus carpio*）

别名：鲤鱼、鲤拐子。

分类学地位：鲤形目、鲤科、鲤亚科、鲤属、鲤。

鲤

形态特征：体长，侧扁，呈纺锤形。头较小，近锥形。口亚下位，呈深弧形，上颌稍长于下颌。唇发达。须 2 对。眼中等大。鳞中等大，侧线前部呈弧形，后部平直，伸达尾鳍基。背鳍硬刺较粗壮。臀鳍及尾鳍下部呈橘红色。尾鳍分叉。身体背部灰黑或黄褐色，侧线下方近金黄色，腹部银白色或浅灰色。

鲤头部侧面

鲤头部正面

分布地区：全市各水域。

生活习性：鲤为淡水中下层鱼类，杂食。对生存环境适应性很强，栖息于水体底层，性情温和，生命力旺盛，既耐寒耐缺氧，又较耐盐碱。

鲤形态特写

鲫属 *Carassius*

2. 鲫（*Carassius auratus*）

别名：鲫鱼。

分类学地位：鲤形目、鲤科、鲤亚科、鲫属、鲫。

鲫

形态特征：体较高，稍侧扁，腹部圆，尾柄短宽。头稍小，长度小于体高。口小，端位，弧形，下颌稍上斜。无须。眼较小，位于头侧上方。鳞较大，侧线平直。背鳍外缘平直或微凹，末根不分枝鳍条为硬刺。胸鳍后缘圆钝。尾鳍浅分叉，上下叶端圆钝或略尖。体背部灰黑色，体侧银灰或带黄绿色，腹部银白。鳍均为灰色。

分布地区：卫河、共产主义渠、金堤河、汤河。

卫河浚县段

共产主义渠

生活习性：鲫为温水性鱼类，喜在水底层活动，对低氧的适应能力很强。鲫是杂食性鱼类，主要以有机碎屑、水草、植物种子为食，另有相当数量的摇蚊幼虫、枝角类和桡足类。属于典型分批产卵鱼类。

鲢亚科 Hypophthalmichthyinae

鲢属 *Hypophthalmichthys*

3. 鲢（*Hypophthalmichthys molitrix*）

别名：白鲢。

分类学地位：鲤形目、鲤科、鲢亚科、鲢属、鲢。

鲢

形态特征：体侧扁而稍高，腹部扁薄，腹棱完全。吻短而圆钝。口裂大，稍向上倾斜。头较大，眼较小，下位。鳞小。背鳍无硬刺。胸鳍较长，腹鳍较短。尾鳍分叉，上下叶末端尖。雌雄鱼外形相似，但雄鱼胸鳍第一鳍条生有角质“栉齿”状突起，雌鱼较光滑。体色银白，鳍灰白色，尾鳍边缘饰以黑色。

分布地区：盘石头水库。

生活习性：鲢鱼属水体中上层鱼。春、夏、秋三季，绝大多数时间在水域的中上层游动觅食，冬季则潜至深水越冬。鲢鱼终生以浮游生物为食。

鲢形态特征

鳙属 *Aristichthys*

4．鳙（*Aristichthys nobilis*）

别名：花鲢、大头鲢子。

分类学地位：鲤形目、鲤科、鲢亚科、鳙属、鳙。

鳙

形态特征：体侧扁，较高。头极大，前部宽阔，头长大于体高。吻短而圆钝。口大，端位。无须。眼小，位于头前侧中轴的下方。鳞小。侧线完全，在胸鳍末端上方弯向腹侧，向后延伸至尾柄正中。背鳍基部短，起点在体后半部，位于腹鳍起点之后。胸鳍长。尾鳍深分叉，两叶约等大，末端尖。背部及体侧上半部微黑，有许多不规则黑色斑点。腹部灰白色。各鳍呈灰色，上有许多黑色小斑点。

鳙形态特征

分布地区：盘石头水库。

生活习性：鳙鱼生长在淡水湖泊、河流、水库。多分布在淡水区域的中上层。为温水性鱼类，滤食性，主要吃浮游动物，也吃部分浮游植物。

雅罗鱼亚科 Leuciscinae

大吻鱥属 *Rhynchocypris*

5．尖头大吻鱥（*Rhynchocypris oxycephalus*）

别名：柳根鱼、细鳞鱼。

分类学地位：鲤形目、鲤科、雅罗鱼亚科、大吻鱥属、尖头大吻鱥。

尖头大吻鱥

形态特征：体长形，稍侧扁，腹部圆，尾柄较高。头近锥形。眼中等大，位于头侧。鳞细小，圆形。背鳍位于腹鳍的上方，外缘平直。侧线完全，约位于体侧中央，在腹鳍前的侧线较为显著。体具多数不规则的黑色小点，背部正中自头后至尾鳍基有一狭长的黑带，体侧一般无黑色纵带，或仅在尾部具一暗色纵带。

尖头大吻鱥形态特征

分布地区：淇河许沟泉段。

生活习性：杂食，食水生无脊椎动物等。4月繁殖。

草鱼属 *Ctenopharyngodon*

6. 草鱼（*Ctenopharyngodon idella*）

别名：草棍子。

分类学地位：鲤形目、鲤科、雅罗鱼亚科、草鱼属、草鱼。

草鱼

形态特征：体长，前部近圆筒形，尾部侧扁，腹部圆，无腹棱。头宽，中等大，前部略平扁。口端位，口裂宽，口宽大于口长；上颌略长于下颌。眼中大，位于头侧的前半部；眼间宽，稍凸。鳃孔宽，向前伸至前鳃盖骨后缘的下方。鳞中大，呈圆形。侧线前部呈弧形，后部平直，伸达尾鳍基。背鳍无硬刺。臀鳍位于背鳍的后下方。胸鳍短，末端钝。尾鳍浅分叉，上下叶约等长。体呈茶黄色，腹部灰白色，体侧鳞片边缘灰黑色。胸鳍、腹鳍灰黄色。其他鳍浅色。

草鱼形态特征

分布地区：全市各水域。

生活习性：草鱼是典型的草食性鱼类，栖息于平原地区的江河湖泊，一般喜居于水的中下层或近岸多水草区域。性活泼，游泳迅速，常成群觅食。草鱼幼鱼期食幼虫、藻类等，长大后也吃一些荤食，如蚯蚓、蜻蜓等。

赤眼鳟属 *Squaliobarbus*

7. 赤眼鳟（*Squaliobarbus curriculus*）

别名：红眼马郎。

分类学地位：鲤形目、鲤科、雅罗鱼亚科、赤眼鳟属、赤眼鳟。

赤眼鳟

形态特征：体长，前部近圆筒形，尾部侧扁，背缘平直，腹部无腹棱。头近圆锥形，背面较宽。口端位，口裂稍斜。须2对，短小。眼中大，位于头前半部眼上缘有一红色斑块。鳞中大，侧线弧形，行于体之下半部，向后伸达尾柄正中。背鳍外缘平直。臀鳍短。胸鳍短，尖形。腹鳍位于背鳍的下方，鳍条末端离肛门颇远。尾鳍分叉较浅，上下叶约等长。眼的上缘具一红色斑。体背侧青灰色，腹部银白色，侧线以上每一鳞片基部有一黑点，形成纵列。背鳍、尾鳍深灰色，其他鳍浅灰色。

赤眼鳟形态特征

分布地区：浚县金堤河。

生活习性：生活于水流缓慢的江河及湖泊，栖息于水的中层，以藻类和水生高等植物为主要食物。

鲃亚科 Barbinae

白甲鱼属 *Onychostoma*

8. 多鳞白甲鱼（*Onychostoma macrolepis*）

别名：钱鱼、砖鱼。

分类学地位：鲤形目、鲤科、鲃亚科、白甲鱼属、多鳞白甲鱼。

多鳞白甲鱼

形态特征：体较细长，侧扁，背稍隆起，腹部圆。头稍长，吻钝，口下位，横裂，口裂较宽。下颌边缘具锐利角质。须 2 对，极细小。眼中等大，在头的中上方。侧线完全。背鳍无硬刺，外缘稍内凹。胸部鳞片较小，埋于皮下。体背黄褐色，腹部灰白。

背鳍和尾鳍灰黑色，其他各鳍灰黄色，外缘金黄色，背鳍和臀鳍分别具 6 条、4 条红色斑纹。生殖期雄鱼吻部、胸鳍、臀鳍有明显珠星。

多鳞白甲鱼头部

多鳞白甲鱼形态特征

分布地区：盘石头水库山涧泉水。

多鳞白甲鱼分布生境

生活习性：生活在水质清澈、砂石底质的高山溪流中。主要摄食体壁较薄的水生昆虫等无脊椎动物，也摄食藻类。取食砾石表面的藻类时，先用下颌猛铲，然后翻转身体，把食物吸入口中。每年 11 月集体潜入溶洞泉水越冬，翌年清明前后出泉。5 月繁殖。

鲌亚科 Culterinae

鲌属 *Culter*

9．翘嘴鲌（*Culter alburnus*）

别名：翘嘴鱼。

分类学地位：鲤形目、鲤科、鲌亚科、鲌属、翘嘴鲌。

翘嘴鲌

形态特征：体长形，侧扁，背缘较平直，腹部在腹鳍基至肛门具腹棱，尾柄较长。头侧扁，头背平直，头长一般小于体高。吻钝，吻长大于眼径。口上位，下颌厚而上翘，突出于上颌之前，为头的最前端。眼中等大，位于头侧。鳞较小。侧线前部浅弧形，后部平直，伸达尾鳍基。背鳍位于腹鳍基部的后上方，末根不分支鳍条为光滑的硬刺。尾鳍深叉，下叶长于上叶，末端尖形。体背侧灰黑色，腹侧银色，鳍呈深灰色。

分布地区：共产主义渠、卫河、洹河。

共产主义渠浚县段

卫河

生活习性：翘嘴鲌多生活在河湾、湖湾、库汊等宽水区水草多、昆虫多的水域中上层，以水中的小鱼虾、飘落水面的昆虫为主要食物来源。5 月繁殖。

10. 达氏鲌（*Culter dabryi*）

别名：大眼红鲌、青梢红鲌。

分类学地位：鲤形目、鲤科、鲌亚科、鲌属、达氏鲌。

达氏鲌

形态特征：体形长侧扁，头后背部稍隆起。头部较小，背面较平。吻较短小，前端较钝。口亚上位，口裂倾斜。腹棱为半棱。背鳍长，具硬刺。胸鳍较长，后伸达到或超过腹鳍基部。体背部较暗，腹部银白色，各鳍灰黑色。

分布地区：盘石头水库。

生活习性：栖息于静水中上层。肉食性，以小鱼虾为食。在水草丛生湖汊河湾产卵，卵黏性。繁殖期 5 月。

原鲌属 *Cultrichthys*

11．红鳍原鲌（*Cultrichthys erythropterus*）

别名：翘嘴鱼。

分类学地位：鲤形目、鲤科、鲌亚科、原鲌属、红鳍原鲌。

红鳍原鲌

形态特征：体长而侧扁，头后背部隆起，尾柄短，其长短于或等于其高。腹部自胸鳍基部至肛门有明显的腹棱。口中等大，上位；下颌突出，向上翘，口裂和身体纵轴几乎垂直。眼中大，鳞细小；背鳍短，具有强大而光滑的硬刺。侧线前端略向下弯曲，后端复向上延至尾柄正中。体背部灰褐色，腹部银白色。背鳍灰白色，腹鳍、臀鳍和尾鳍下叶均呈橘黄色，尤以臀鳍色最深。生殖期雄鱼的头部和胸鳍条上出现珠星，生殖期过后消失。

红鳍原鲌形态特征

分布地区：盘石头水库、淇河、共产主义渠、卫河。

淇河浚县段

生活习性：红鳍原鲌喜栖息于水草繁茂的湖泊中，在河流中通常生活在缓流里。其适应能力较强，为凶猛性肉食性鱼类。幼鱼以浮游动物和水生昆虫为食，成鱼以鱼、虾、螺、昆虫等为食。5月繁殖。

𩷶属 *Hemiculter*

12．𩷶（*Hemiculter leucisculus*）

别名：白条、𩷶条。

分类学地位：鲤形目、鲤科、鲌亚科、𩷶属、𩷶。

𩷶

形态特征：体延长而侧扁，背缘较平直，腹缘稍凸，腹棱为全棱，自胸鳍基末至肛门。头稍尖，侧扁。口端位，斜裂。下颌前端具凸起与上颌凹陷相吻合。眼中大。背鳍具硬刺，后缘光滑无锯齿。体背部青灰色，腹部灰白色，尾鳍灰色，其余各鳍浅黄色。

𩷶形态特征

分布地区：全市各水域。

生活习性：生活于水体中上层，喜集群。幼鱼以浮游动物、水生昆虫为食，成鱼以藻类、食物碎片和甲壳类为食。繁殖期5月。

似鱎属 *Toxabramis*

13. 似鱎（*Toxabramis swinhonis*）

别名：白条。

分类学地位：鲤形目、鲤科、鲌亚科、似鱎属、似鱎。

似鱎

形态特征：体甚侧扁，背部略平直，腹缘呈弧形，自峡部至肛门具腹棱。头侧扁。口端位。侧线自头后向下倾斜，至胸鳍后部弯折成与腹部平行，至臀鳍基末端又折而向上，伸至尾柄正中。背鳍末根不分枝，鳍条为硬刺，后缘具锯齿。尾鳍深分叉，下叶长于上叶，末端尖。薄鳞，中大。体色银色。

似鳊形态特征

分布地区：卫河、共产主义渠、金堤河。

生活习性：栖息于水体底层。以藻类为主食。繁殖期溯河而上，在水流较急河段产卵。受精卵漂浮性。繁殖期 4 月。

鮈亚科 Gobioninae

鳈属 *Sarcocheilichthys*

14．红鳍鳈（*Sarcocheilichthys sciistius*）

别名：花脸儿。

分类学地位：鲤形目、鲤科、鮈亚科、鳈属、红鳍鳈。

红鳍鳈

形态特征：体长，略侧扁，腹部圆。头较小。吻略短，圆钝，稍突出。口小，下位，呈弧形。须退化，一般仅留痕迹。眼较小，位于头侧上方。体被圆鳞，中等大小，侧线完全，较平直。背鳍短，无硬刺。胸鳍较短小，后缘圆钝。腹鳍末端可达肛门。臀鳍短。尾鳍分叉，上下叶等长。体背及体侧褐色，间杂有黑色斑纹。腹部白色。鳃孔后缘有一条弧形黑色条纹。生殖期雄鱼体侧斑纹较为明显，一般呈墨黑色，体色呈蓝绿色。颊部、颌部及胸鳍基部处为橙红色，尾鳍呈黄色，吻部具有多数白色珠星；雌鱼产卵管稍延长，无婚姻色。

红鳍鲸头部

红鳍鲸形态特征

分布地区：淇河、洹河。

生活习性：栖息于水质澄清的流水或静水中。喜食底栖无脊椎动物和水生昆虫，亦食少量甲壳类、贝壳类、藻类及植物碎屑。体质健壮，性情温和，喜群游。

胡鮈属 *Huigobio*

15．清徐胡鮈（*Huigobio chinssuensis*）

别名：沙锥。

分类学地位：鲤形目、鲤科、鮈亚科、胡鮈属、清徐胡鮈。

清徐胡鮈

形态特征：体长，前部呈圆筒形，后段侧扁。头较短，其长稍小于体高。吻短钝。眼较大，侧上位。口下位，略呈马蹄形；唇具乳突。上下颌均覆以发达的角质边缘。口角须1对。鳞中等大小，体腹面自腹鳍基部稍前方及胸部裸露无鳞。侧线平直。背鳍无硬刺，胸鳍展阔。尾鳍浅叉形，上下叶等大。体棕黑色，背中线有 5 ～ 6 个黑色块斑，体侧每个鳞片上具有黑色小斑点，体侧中轴上沿侧线有 8 ～ 10 个黑斑，或为零乱的黑色块斑。鳃盖为黑色；背鳍和尾鳍上有许多黑点组成的点列，胸鳍亦具少量斑点；臀鳍灰白色。

清徐胡鮈形态特征

分布地区：淇河。

生活习性：生活于水体下层沙底多石处，以藻类、水生昆虫等为食。

棒花鱼属 *Abbottina*

16. 棒花鱼（*Abbottina rivularis*）

别名：沙里趴。

分类学地位：鲤形目、鲤科、鮈亚科、棒花鱼属、棒花鱼。

棒花鱼

形态特征：体粗壮，前部圆筒形，后部略侧扁，背部隆起，腹部平直。头大。吻长，向前突起，口下位。须1对。眼较小，侧上位。侧线完全。背鳍发达，外缘明显外突，呈弧形。胸鳍后缘呈圆形。腹鳍后缘稍圆。臀鳍较短。尾鳍分叉浅，上叶略大于下叶，末端圆。各鳍有点状黑斑。雄性个体体色鲜艳，雌性个体体色较深暗。生殖时期雄鱼胸鳍及头部均有珠星，各鳍延长。

棒花鱼形态特征

分布地区：全市各水域。

生活习性：棒花鱼为底层小形鱼类，栖息于江河岔湾和湖泊池沼中，喜生活在静水砂石底处。棒花鱼杂食性，主要摄食浮游动物，也食水生昆虫、水蚯蚓及植物碎片。

麦穗鱼属 *Pseudorasbora*

17. 麦穗鱼（*Pseudorasbora parva*）

别名：麦穗。

分类学地位：鲤形目、鲤科、鮈亚科、麦穗鱼属、麦穗鱼。

麦穗鱼

形态特征：体长，侧扁，尾柄较宽，腹部圆。头稍短小，前端尖，上下略平扁。无须。口小，上位，口裂甚短，几乎垂直。眼较大，位置较前。体被圆鳞，鳞较大。侧线平直，完全。背鳍不分枝，鳍条柔软，外缘圆弧形。胸、腹鳍短小。臀鳍短，外缘弧形。尾鳍宽阔，浅分叉，上下叶等长，末端圆。体背部及体侧上半部银灰色微带黑色，腹部白色。体侧鳞片后缘具新月形黑纹。

繁殖期时，雄鱼颜色发黑头部具珠星，雌鱼体型较小且产卵管稍外突。

麦穗鱼头部

分布地区：全市各水域。

生活习性：麦穗鱼为小型淡水鱼类。常生活于缓静较浅水区。为平地河川、湖泊及沟渠中常见的小型鱼类。稚鱼以轮虫等为食，体长约 25mm 时即改食枝角类、摇蚊幼虫及孑孓等。

麦穗鱼形态特征

䱻属 *Hemibarbus*

18. 花䱻（*Hemibarbus maculatus*）

别名：花骨鱼、花姑娘、马驹子、卢季、季鱼、季郎鱼、鸡骨郎。

分类学地位：鲤形目、鲤科、𬶋亚科、䱻属、花䱻。

花鲭

形态特征：体长，较高，背部自头后至背鳍前方显著隆起，以背鳍起点处为最高，腹部圆。头中等大，头长小于体高。吻稍突，前端略平扁。口略小，下位，马蹄形。颌须1对。背鳍硬刺强大，后缘光滑无锯齿。体侧具1排不规则大黑斑沿侧线上方排列。背鳍和尾鳍具多数小黑点，其他各鳍灰白。

花鲭头部

花鲭形态特征

分布地区：淇河。

生活习性：栖息于水域中下层。以水生昆虫幼虫为主食，也食软体动物、小鱼虾。卵黏性附着在水草上发育。繁殖期 5 月。

银鮈属 *Squalidus*

19．点纹银鮈（*Squalidus wolterstorffi*）

别名：花麦穗。

分类学地位：鲤形目、鲤科、鮈亚科、银鮈属、点纹银鮈。

点纹银鮈

形态特征：体长，稍侧扁，头后背部斜向隆起，胸腹部圆。吻短，略尖，近锥形。口亚下位，上颌略长于下颌。须1对，位口角，较长，等于眼径或稍大。眼较大，眼间平坦。背、臀鳍较短；胸鳍长；尾鳍深叉，末端尖。鳞较大，圆型。侧线鳞上有横“八”字形黑斑连成的条纹，体侧上部有多数小黑点。

点纹银鮈头部

点纹银鮈尾部

点纹银鮈形态特征

分布地区：淇河。

生活习性：小型鱼类，喜栖息于流水中下层。杂食性。5月繁殖。

20．中间银鮈（*Squalidus intermedius*）

别名：花麦穗。

分类学地位：鲤形目、鲤科、鮈亚科、银鮈属、中间银鮈。

中间银鮈

形态特征：体长，略高，稍侧扁，头后背部斜向隆起，至背鳍起点外为最高，胸腹部圆。头较小。吻略短。口亚下位。须1对，位口角，一般较短。眼中等大。体鳞较大，胸腹部具鳞。侧线完全，较平直。背鳍短小，无硬刺。胸鳍较短，末端尖，腹鳍后端圆钝。臀鳍短，外缘几平截。尾鳍分叉，上下叶等长，稍尖。体银白色，背部稍带暗灰。体背及体侧上半部鳞片边缘色深，组成网纹状，体侧中轴有铅黑色细纹1条，前段在侧线稍上方，后段色深，与侧线相重叠，此纹上具多数黑斑点。背鳍中央有1列黑点，尾鳍具2行黑点，其他各鳍灰白色。

中间银鮈形态特征

分布地区：淇河。

生活习性：小型鱼类，喜栖息于水体的中下层，栖息条件为静水或微流水环境的浅水地带。主要摄食水生昆虫，其次为藻类和水生高等植物。5月繁殖。

中间银𬶋模拟自然生境

颌须𬶋属 *Gnathopogon*

21. 济南颌须𬶋（*Gnathopogon tsinanensis*）

别名：沙包鱼。

分类学地位：鲤形目、鲤科、𬶋亚科、颌须𬶋属、济南颌须𬶋。

济南颌须𬶋

形态特征：体长，稍侧扁，头后背部稍隆起，腹部圆，尾柄侧扁。头略长，其长大于或等于体高。吻短圆钝。口端位，口宽大于口长。唇薄，光滑。唇后沟中断。须1对，其长小于眼径的1/4。眼中等大，侧上位。鳞片较大，胸腹部具鳞。侧线完全，较平直。背鳍较短，无硬刺；胸、腹鳍后缘近圆形；尾鳍分叉，末端钝圆。

济南颌须鮈头部

济南颌须鮈形态特征

分布地区：淇河、洹河。

生活习性：为常见小型鱼类，栖息于水体中、下层。主要食物为水生昆虫、藻类和水生植物。5 月繁殖。

鱊亚科 Acheilognathinae

鳑鲏属 *Rhodeus*

22．高体鳑鲏（*Rhodeus ocellatus*）

别名：丝光皮、五彩片儿。

分类学地位：鲤形目、鲤科、鱊亚科、鳑鲏属、高体鳑鲏。

高体鳑鲏（雄）

高体鳑鲏（雌）

形态特征：体高，呈卵圆形，部分呈菱形。侧扁，头后背缘格外隆起。头小，头长约等于其高，不及体高的1/2。吻短而钝。口端位，口裂呈弧形。口角无须。侧线不完全。鳞中等大。眼较大侧上位。背、臀鳍末根不分枝鳍条稍硬，与各自首根分枝鳍条粗细相当。背鳍基底较长。臀鳍位于背鳍之下方。腹鳍位于背鳍之前。尾鳍叉形。雄鱼繁殖期颜色鲜艳，体前部粉红，后部蓝绿色。吻部有显著珠星连成块状。

分布地区：全市各水域。

生活习性：高体鳑鲏为低海拔缓流或静止的湖沼水域栖息的小型鱼类，常出现于透明度低、营养化程度略高的静止水域，常成群活动。杂食性，主要以附着性藻类、浮游动物及水生昆虫等为食。产卵于蚌内，4月繁殖。

23. 中华鳑鲏（*Rhodeus sinensis*）

别名：丝光皮、五彩片儿。

分类学地位：鲤形目、鲤科、鱊亚科、鳑鲏属、中华鳑鲏。

中华鳑鲏（雄）

中华鳑鲏（雌）

形态特征：体侧扁，长卵圆形，较为肥厚。头小。吻短而钝。眼较大。口角无须。侧线不完全。胸鳍末端后伸超过腹鳍起点。鳞大，半圆型。体色鲜艳，眼球上部红色，尾柄中线具一条向前的翠绿色条纹。雄鱼具鲜艳的婚姻色彩，吻部及眼眶周缘具珠星；雌鱼具长的产卵管。雌鱼亦有颜色但较为寡淡。

中华鳑鲏头部（雄）

分布地区：淇河、共产主义渠、卫河。

生活习性：中华鳑鲏栖息于淡水湖泊、水库和河流等浅水区的底层，喜欢在水流缓慢、水草茂盛的水体中群游。中华鳑鲏是杂食性鱼类。产卵于河蚌内。

24．济南鳑鲏（*Rhodeus notatus*）

别名：丝光皮、五彩片儿。

分类学地位：鲤形目、鲤科、鱊亚科、鳑鲏属、济南鳑鲏。

济南鳑鲏（雄）

济南鳑鲏（雌）

形态特征：体侧扁，略呈流线型。个体小，通常 3 ～ 4 cm，很少超过 5 cm。头小，头长约为体高 1/2。口小，吻钝。眼较大。侧上位。

鳞大呈圆形。侧线不完全。体侧及尾柄的蓝色条纹向前延伸超过背鳍前缘的垂线，尾鳍中部的条纹是蓝黑色，雄鱼口唇为红色，背臀鳍的色彩搭配都近似中华鳑鲏，但纹色更红，身体偏流线型。

济南鳑鲏形态特征（雌）

分布地区：淇河下游浚县段。

淇河下游浚县段

生活习性：济南鳑鲏栖息于河流浅缓水草茂密地带，喜群游。杂食性，以藻类、浮游动物、水草嫩芽为食。卵产于蚌中。

鱊属 *Acheilognathus*

25. 兴凯鱊（*Acheilognathus chankaensis*）

别名：丝光皮、菜板鱼

分类学地位：鲤形目、鲤科、鱊亚科、鱊属、兴凯鱊。

形态特征：体侧扁，短而高，长纺锤形。头小，吻短而钝，口小，端位，口裂极浅，无须，眼大。鳞较大，侧线完全且平直，沿体中线至尾柄中央。背鳍位于体中央。腹鳍位于背鳍前下方。背部灰黑色，腹部银白色。雄鱼臀鳍外缘镶有较宽的深黑色饰边。生殖期间雌鱼有产卵管。

兴凯鱊（雄）形态特征

兴凯鱊（雌）形态特征

分布地区：全市各水域。

生活习性：生活于江河、沟渠和池塘的缓流及静水浅水处。摄食硅藻、蓝藻和丝状藻类等。卵产于蚌中。

26. 斜方鱊（*Acheilognathus rhombeus*）

别名：丝光皮、五彩片儿。

分类学地位：鲤形目、鲤科、鱊亚科、鱊属、斜方鱊。

斜方鱊（雄）

形态特征：体侧扁，轮廓呈长卵形。头小，头高不及体高1/2。口角具须1对，极细小，部分个体须退化。眼较大，侧上位。侧线完全。近鳃盖上角具一黑斑，大小占2～3个鳞片。尾柄纵带蓝绿色，向前延伸不超过背鳍起点。雄鱼生殖期具婚姻色，臀鳍背鳍腹鳍均呈粉红色。腹鳍外缘有一白边。胸鳍淡黄色。雌鱼无婚姻色，繁殖期产卵管较长。

斜方鱊（雄）头部

斜方鱊（雌）

分布地区：淇河。

生活习性：小型鱼类，喜生活于水草较多的静水或缓流水域。以高等水生植物和藻类为食。产卵于蚌内。

鱲属 *Zacco*

27．宽鳍鱲（*Zacco platypus*）

别名：红翅子。

分类地位：鲤形目、鲤科、鱲属、宽鳍鱲。

宽鳍鱲（雄）

宽鳍鱲（雌）

形态特征：体长而侧扁。口端位，口裂小，无须。眼中等大，侧上位。体被圆鳞。侧线完全，在腹鳍处显著下弯，过臀鳍后又上升至尾柄正中。繁殖期体色鲜艳，背部呈黑灰色，腹部银白色，体侧有多个蓝绿色垂直斑块，斑块间有粉红色条纹。胸鳍、腹鳍为淡红色。背鳍和尾鳍灰色，尾鳍的后缘呈黑色。生殖季节雄鱼出现“婚装”，头部、吻部、臀鳍条上出现许多珠星，雄鱼臀鳍第 1 至第 4 根分枝鳍条特别延长。

宽鳍鱲形态特征（雄）

宽鳍鱲头部（雄）

宽鳍鱲头部（雌）

分布地区：淇河、洹河。

生活习性：此类鱼与马口鱼生活习性相似，两种鱼经常群集在一起，喜欢嬉游于水流较急、底质为砂石的浅滩。江河的支流中较多，而深水湖泊中则少见。以浮游甲壳类为食，兼食一些藻类、小鱼及水底的腐植物质。6月繁殖。

鲃亚科 Barbinae

马口鱼属 *Opsariichthys*

28. 马口鱼（*Opsariichthys bidens*）

别名：山鳡、桃花板、马口。

分类学地位：鲤形目、鲤科、鲃亚科、马口鱼属、马口鱼。

马口鱼（雄）

马口鱼（雌）

形态特征：体长而侧扁，腹部圆。吻钝，口亚上位。口裂向下倾斜，下颌后端延长达眼前缘，其前端有一显著突起，两侧各有一凹陷，恰与上颌前端和两侧的凹凸处相嵌合，正面呈“W”形。眼略小，侧上位。侧线完全。雄鱼在生殖期出现“婚装”，全身具有鲜艳的婚姻色，体侧有浅蓝色垂直条纹，胸鳍、腹鳍和臀鳍为橙黄色。头部、吻部和臀鳍有显眼的珠星，臀鳍条向后延伸可达尾鳍基部。

马口鱼（雄）形态特征

分布地区：淇河、盘石头水库、洹河。

生活习性：在自然环境中多生活在水温较低的山涧溪流中，有水流和水草的水体中上层。马口鱼游动敏捷、善跳跃，贪食，为偏肉食的杂食性鱼类，以水体中的小鱼和水生昆虫等为食，但在食物不足时也可摄食草籽、水藻等。6月繁殖。

鲴亚科 Xenocyprininae

似鳊属 *Pseudobrama*

29．似鳊（*Pseudobrama simoni*）

别名：逆鱼。

分类学地位：鲤形目、鲤科、鲴亚科、似鳊属、似鳊。

似鳊

形态特征：体侧扁，背较高，腹部圆，腹鳍基部至肛门前有很狭窄的腹棱。头短小，吻短而钝，口小，下位，横裂。眼较大。鳞较大，腹鳍基部有一狭长的腋鳞。体背部和体上侧为灰褐色，体下侧和腹部为银白色。背鳍与尾鳍浅灰色，腹鳍与胸鳍基部浅黄色，臀鳍灰白色。

似鳊形态特征

分布地区：卫河、共产主义渠、金堤河。

生活习性：栖息于水体底层。以藻类为主食。繁殖期溯河而上，在水流较急河段产卵。受精卵漂浮性。繁殖期 4 月。

鳅科 Cobitidae

泥鳅属 *Misgurnus*

30．泥鳅（*Misgurnus anguillicaudatus*）

别名：鱼鳅、泥鳅鱼、拧沟、泥沟娄子。

分类学地位：鲤形目、鳅科、泥鳅属、泥鳅。

泥鳅

形态特征：体细长，前段略呈圆筒形，后部侧扁，腹部圆。头小。口小，下位，马蹄形。眼小，无眼下刺。须5对。鳞极细小，圆形，埋于皮下。体背部及两侧灰黑色，全体有许多小的黑斑点，头部和各鳍上亦有许多黑色斑点，背鳍和尾鳍膜上的斑点排列成行，尾柄基部有一明显的黑斑。其他各鳍灰白色。

泥鳅头部

分布地区：全市各水域。

生活习性：泥鳅在底泥中或水的底层淤泥中活动，且喜昼伏夜出，触须、侧线等十分敏感，摄食小型甲壳动物、水蚯蚓、昆虫、植物碎屑及藻类等。泥鳅除了用鳃呼吸外，还能进行肠呼吸，对低溶氧的忍耐力很强。5 月繁殖。

花鳅属 *Cobitis*

31. 中华花鳅（*Cobitis sinensis*）

别名：花鳅。

分类学地位：鲤形目、鳅科、花鳅属、中华花鳅。

中华花鳅

形态特征：体延长，侧扁，腹部圆，背、腹轮廓几平行。头部扁而小。口小，下位，呈马蹄形。须 3 对。眼侧上位几近头顶的中部，眼下刺分叉，末端可达眼球中部。背鳍较长，外缘凸出。胸鳍较小，末端稍钝。腹鳍小，臀鳍较短，后缘平截。尾鳍较宽，后缘截形。体被细鳞，颊部裸露，体侧鳞片稍大，胸部鳞片较小。侧线不完全，仅在胸鳍上方存在。身体呈米白色，头部有许多不规则的黑色斑点，雌鱼沿体侧纵轴具有 10 余个黑色斑块，雄鱼沿体侧具一条连续黑色线斑。另背部具 12 个马鞍形黑色斑纹。背鳍和尾鳍具 2 ～ 3 列斜行点状条纹。胸鳍、腹鳍和臀鳍颜色较浅，呈黄白色。

中华花鳅形态特征

分布地区：淇河。

生活习性：中华花鳅为淡水底层小杂鱼。喜栖息于溪流中水流较平缓的泥砂或沉质的底质水域。摄食浮游生物、水生昆虫及其幼虫、摇蚊幼虫、有机碎屑。5 月繁殖。

中华花鳅摄食

鲈形目

Perciformes

鮨科 Serranidae

鳜属 *Siniperca*

32．斑鳜（*Siniperca scherzeri*）

别名：季花鱼。

分类学地位：鲈形目、鮨科、鳜属、斑鳜。

斑鳜幼苗

形态特征：体长、侧扁，背为圆弧形，不甚隆起。口大。端位，稍向上倾斜，下颌略突出，上颌仅前端有细齿，排列不规则。前鳃盖骨、间鳃盖骨和下鳃盖骨的后下缘有绒毛状细锯齿。鱼体、鳃盖均被细鳞。侧线完全，各鳍的鳍棘均较强硬，外形似鳜。体棕黄色或灰黄色，体侧有较多的豹纹环形黑斑。各鳍上有黑色斑点，胸鳍、腹鳍为淡褐色。

斑鳜成体

分布地区：盘石头水库、淇河、共产主义渠。

生活习性：肉食性，刚平游的幼鱼即摄食同期其他鱼种幼体，亚成体和成体常潜伏于乱石、水草之间。4 月繁殖。

虾虎鱼科 Gobiidae

吻虾虎鱼属 *Rhinogobius*

33．子陵吻虾虎鱼（*Rhinogobius giurinus*）

别名：趴地虎。

分类学地位：鲈形目、虾虎鱼科、吻虾虎鱼属、子陵吻虾虎鱼。

子陵吻虾虎鱼（雄）

子陵吻虾虎鱼（雌）

形态特征：体延长，前部近圆筒形，后部稍侧扁。头中等大，圆钝，头宽大于头高。吻圆钝，颇长。眼中等大，背侧位，位于头的前半部，眼上缘突出于头部背缘。口中等大，前位，斜裂。两颌约等长。上、下颌齿细小，尖锐，呈带状。唇略厚，发达。体被中大栉鳞，无侧线。头部在眼前方有数条黑褐色蠕虫状条纹。臀鳍、腹鳍和胸鳍黄色，胸鳍基底上端具一黑斑。背鳍和尾鳍黄色或橘红色，具多条暗色点纹。雌鱼背鳍相比雄鱼短小，各鳍透明，无婚姻色。

分布地区：全市各水域。

生活习性：子陵吻虾虎鱼原属于河、海洄游鱼类，但亦可生活于水库以上的溪流及湖泊、野塘之中，适应成陆封性族群。幼鱼具

浮游期。领域性强，会主动攻击入侵的鱼族。常在水底匍匐游动，伺机掠食，摄食小鱼、虾、水生昆虫、水生环节动物、浮游动物和藻类等，有同类残食现象。

34. 波氏吻虾虎鱼（*Rhinogobius cliffordpopei*）

别名：趴地虎。

分类学地位：鲈形目、虾虎鱼科、吻虾虎鱼属、波氏吻虾虎鱼。

波氏吻虾虎鱼（雄）形态特征

波氏吻虾虎鱼（雌）形态特征

形态特征：体延长，前部圆筒形，后部侧扁。尾柄颇长，其长大于体高。头中等大，圆钝，头宽大于头高。吻圆钝，颇长。眼中等大，背侧位，位于头的前半部。口较小，前位，斜裂。全身被栉鳞，头背部及胸部、腹部及胸鳍基部均无鳞。无侧线。体侧具6～7条深褐色横带或斑块。雌、雄鱼第一背鳍第一与第二鳍棘间的鳍膜上具一靛蓝色大斑点，有时雌鱼的不明显。各鳍灰褐色。头的腹面黑褐色。

分布地区：全市各水域。

生活习性：栖息于湖岸、河流的沙砾浅滩区，伏卧水底。

沙塘鳢科 Odontobutidae

小黄黝鱼属 *Micropercops*

35．小黄黝鱼（*Micropercops swinhonis*）

别名：虎头鱼。

分类学地位：鲈形目、沙塘鳢科、小黄黝鱼属、小黄黝鱼。

小黄黝鱼（雄）

小黄黝鱼（雌）

形态特征：体小，侧扁。下颌长于上颌。头大，扁平较尖。眼大，背侧位，眼上缘突出于头部背缘。口中等大，前位，斜裂。体被中大栉鳞。胸部和胸鳍基部被小圆鳞。腹鳍胸位。体黄褐色，体侧具10多条灰褐色条纹。无侧线。雄鱼生殖期颜色鲜艳头顶隆起。

小黄黝鱼形态特征（雌）

分布地区：全市各水域。

生活习性：小黄黝鱼为淡水小型底栖鱼类，常成群生活于河溪、池塘、湖沼的浅水水域的中下层及入湖溪流的水草丛中，喜潜伏于水底，以浮游动物、水生昆虫、摇蚊幼虫、小虾等为食。

丝足鲈科 Osphronemidae

斗鱼亚科 Macropodinae

斗鱼属 *Macropodus*

36. 圆尾斗鱼（*Macropodus ocellatus*）

别名：花手巾。

分类学地位：鲈形目、丝足鲈科、斗鱼亚科、斗鱼属、圆尾斗鱼。

圆尾斗鱼

形态特征：体侧扁，呈长椭圆形，背腹凸出，略呈浅弧形。头侧扁。吻短突。眼大而圆，侧上位。口小，上位，口裂斜，下颌略突出。鳃盖后缘具一蓝圆斑。具圆鳞，眼间、头顶及体侧皆被鳞。侧线退化，不明显。背鳍一个，起于胸鳍基后上方，基底甚长，鳍棘部与鳍条部连续，后部鳍条较延长。臀鳍与背鳍同形。胸鳍圆形，较短小。腹鳍胸位外侧第一鳍条延长成丝状。尾鳍圆形。雄鱼较雌鱼个体大，体色更鲜艳，好斗。具备观赏价值。

分布地区：栖息于湖泊、池塘、沟渠、稻田等静水环境中，以浮游动物、水生昆虫为食。

生活习性：淇河下游、共产主义渠、卫河。

鳢科 Channidae

鳢属 *Channa*

37. 乌鳢（*Channa argus*）

别名：黑鱼、火头。

分类学地位：鲈形目、鳢科、鳢属、乌鳢。

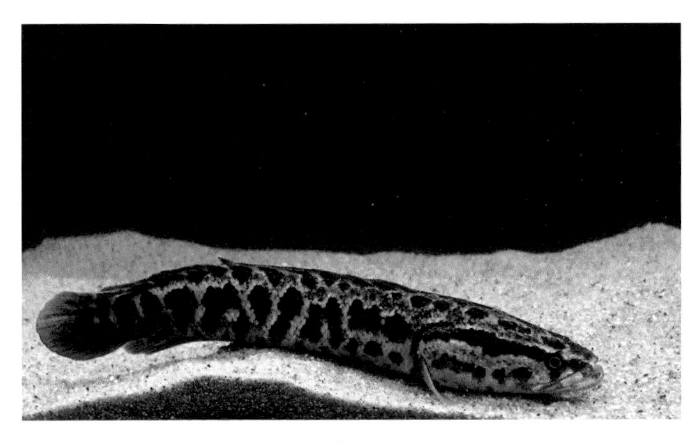

乌鳢

形态特征：体延长，前部圆筒形，后部侧扁。头较长，前部扁平，后部隆起，头上被有小细鳞，颇似蛇头，口大，吻短宽圆钝。眼较小。上下颌具细齿。体被中等大的圆鳞。侧线平直。背鳍、臀鳍均很长，可达尾鳍基部。胸鳍长圆形。腹鳍短小。尾鳍圆形。全身青褐色，头、背色较深暗，腹部较淡。体侧有许多不规则的黑色斑条，头侧有二纵行黑色条纹。背鳍、臀鳍、尾鳍均有黑白相间的花纹。

分布地区：全市各水域。

生活习性：乌鳢喜欢栖息于水草茂盛或浑浊的水底，当小鱼、小虾等游近时，它便发起突袭将这些小动物吞掉。乌鳢还有自相残杀的习性，能吞食体长为自身 2/3 以下的同类个体。繁殖过后的亲鱼常守护于鱼苗左右。

鲇形目
Siluriformes

鲇科 Siluridae

鲇属 *Silurus*

38. 鲇（*Silurus asotus*）

别名：鲶鱼。

分类学地位：鲇形目、鲇科、鲇属、鲇。

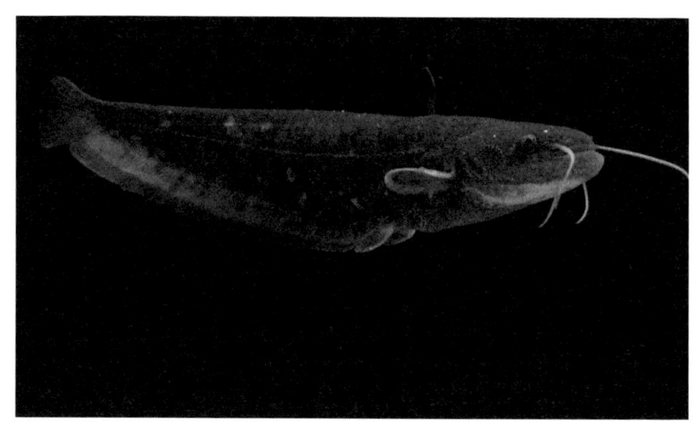

鲇

形态特征：体长，头部平扁，头后侧扁。口阔，上位。须2对。眼小，体光滑无鳞。侧线完全。背鳍短小。无脂鳍。胸鳍棘前缘具弱锯齿，后缘雄鱼锯齿发达，雌鱼光滑或仅具小突起。臀鳍基甚长，末端与尾鳍相连。尾鳍浅凹。背侧灰褐色，有时全身黑色，腹部黄白色，各鳍浅灰色。

鲇形态特征

分布地区：全市各水域。

生活习性：栖息于江河缓流水域和湖泊的中下层，亦能适应于流水中生活。性凶猛，幼时喜集群。5 月繁殖。

鲿科 Bagridae

黄颡鱼属 *Pelteobagrus*

39. 黄颡鱼（*Pelteobagrus fulvidraco*）

别名：三枪鱼。

分类学地位：鲇形目、鲿科、黄颡鱼属、黄颡鱼。

黄颡鱼

形态特征：体延长，稍粗壮，吻端向背鳍上斜，后部侧扁。头略大而纵扁，头背大部裸露。口大，下位，弧形。上、下颌具绒毛状齿。眼中等大，侧上位。须4对。背鳍具骨质硬刺，前缘光滑，后缘具细锯齿。脂鳍短，基部位于背鳍基后端至尾鳍基中央偏前。臀鳍基底较长。胸鳍侧下位，具骨质硬刺，有锯齿。腹鳍短。尾鳍深分叉，末端圆，上、下叶等长。活体背部、体侧具大块黑褐色斑块，至腹部渐浅黄色。

黄颡鱼头部

黄颡鱼须

分布地区：全市各水域。

生活习性：黄颡鱼白天潜伏水底或石缝中，夜间活动、觅食，冬季则聚集深水处。适应性强，较耐低氧。黄颡鱼食性为杂食性，自然条件下以动物性饲料为主，鱼苗阶段以浮游动物为食，成鱼则以昆虫及其幼虫、小鱼虾、螺蚌等为食，也吞食植物碎屑。黄颡鱼还大量吞食鲤鱼、鲫鱼等的受精卵。5 月繁殖。

拟鲿属 *Pseudobagrus*

40．乌苏里拟鲿（*Pseudobagrus ussuriensis*）

别名：牛尾巴、黄康鱼。

分类学地位：鲇形目、鲿科、拟鲿属、乌苏里拟鲿。

乌苏里拟鲿

形态特征：体较长，背鳍前的部分略扁平，背鳍以后的躯体稍侧扁。吻钝，前端突出。口下位，横裂。上、下颌具绒毛状齿。眼小，侧上位，眼间稍拱起。须 4 对。背鳍硬棘后缘光滑或仅有齿痕；胸鳍硬棘后缘有发达的锯状齿；脂鳍与臀鳍相对约等长；腹鳍扇形；尾柄略细，尾鳍浅凹。侧线完全。体背、体侧灰黄色，腹部色淡，鳍淡褐色。体色在水中呈黑色，出水后呈黄褐色。

乌苏里拟鲿正面

分布地区：淇河。

生活习性：从幼鱼开始，即摄食浮游动物和底栖生物。成鱼食物组成主要为昆虫及其幼虫、小鱼。在人工养殖条件下，可以摄食人工配合饲料。

41. 盎堂拟鲿（*Pseudobagrus ondon*）

别名：盎堂鱼、牛尾巴、三枪。

分类学地位：鲇形目、鲿科、拟鲿属、盎堂拟鲿。

盎堂拟鲿

形态特征：体延长，前部略平扁，后部侧扁。头中大，顶部为皮膜所盖。吻宽，平扁，圆钝，稍突出。口大，下位，浅弧形，上颌稍突出。眼小。上下颌具绒毛状细齿。须 4 对。具脂鳍。体褐绿色。

盎堂拟鲿头部

盎堂拟鲿正面

盘堂拟鲿形态特征

分布地区：淇河中上游盘石头水库山涧溪流。

盘堂拟鲿分布生境

生活习性：多见于清水多石河段，山间溪流水潭。昼伏夜出，藏匿于石缝中。偏肉食性，摄食各种水生昆虫、小鱼、小虾。

刺鱼目

Gasterosteiformes

刺鱼科 Gasterosteidae

多刺鱼属 *Pungitius*

42. 中华多刺鱼（*Pungitius sinensis*）

别名：九刺鱼。

分类学地位：刺鱼目、刺鱼科、多刺鱼属、中华多刺鱼。

中华多刺鱼

形态特征：眼较大，体呈梭形，尾柄极细，有明显侧棱，尾呈扇形，具2个背鳍，第一背鳍为游离的棘刺，具有交错排列的8～9根棘刺，第二背鳍和臀鳍相对。体淡黄绿色，生殖期雄鱼通体发黑，腹鳍具荧光色斑。

分布地区：淇河干流。

生活习性：中华多刺鱼为小型鱼类，体长可达50 mm。性喜冷，一般栖息在河流泉水出露、多水草的湾汊。好斗，偏肉食性，以浮游动物为主，也食其他鱼类幼苗，虾苗。1龄鱼可达性成熟，每年的冬春交接时产卵。雄鱼会筑巢，体内能分泌出一种黏液，遇水则形成固体的细丝，借此来将衔来的水草细茎粘接成巢，巢为卵圆形，开口侧位，附着于水草干茎或悬空漂浮；雄鱼独自守护幼鱼，不停地用胸鳍搅动水流来保证巢内水循环，直至鱼卵孵出。卵呈黏性，粒大，量少，为橙黄色。

中华多刺鱼背鳍棘刺特写

中华多刺鱼分布生境

合鳃鱼目
Synbgranchiformes

合鳃鱼科 Synbranchidae

黄鳝属 *Monopterus*

43. 黄鳝（*Monopterus albus*）

别名：鳝鱼、蛇鱼、血鳝、常鱼。

分类学地位：合鳃鱼目、合鳃鱼亚目、合鳃鱼科、黄鳝属、黄鳝。

黄鳝

形态特征：体细长，呈蛇形，前段圆，向后渐侧扁，尾部尖细。头圆，其高较体高为大。吻端尖，唇颇发达，下唇尤其肥厚。上下颌及口盖骨上都有细齿。眼小，为一薄皮所覆盖。左右鳃孔在腹面合而为一，呈“V”字形。体润滑无鳞。各鳍退化仅留低皮皱，无鳍条。生活时体色微黄或橙黄，全体满布有黑色小斑点，腹部灰白。

黄鳝头部

分布地区：全市各水域。

生活习性：黄鳝日间喜在多腐植质淤泥中钻洞或在堤岸有水的石隙中穴居。口腔皮褶可行呼吸作用。夜行性，为肉食凶猛性鱼类，多在夜间出外摄食，能捕食昆虫及其幼虫，也能吞食蛙、蝌蚪和小鱼。黄鳝之摄食多用啜吸方式，每当感触到有小动物在其口边，即张口啜吸。

刺鳅科 Mastacembelidae

中华刺鳅属 *Sinobdella*

44. 中华刺鳅（*Sinobdella sinensis*）

别名：刀鳅、钢鳅。

分类学地位：合鳃鱼目、刺鳅亚目、刺鳅科、中华刺鳅属、中华刺鳅。

中华刺鳅

形态特征：体细长略侧扁。头小，嘴部向前延伸呈尖三角状。吻稍长，口中大。上唇延长略向下垂。眼小，侧上位。背鳍前部有硬棘，各棘短而分离。背鳍、臀鳍与尾鳍相连。无腹鳍。胸鳍很小。鳞细小。侧线不明显。体背部黄褐色，腹部淡。背、腹部具网眼状花纹，体具数十条横纹。

中华刺鳅头部特写

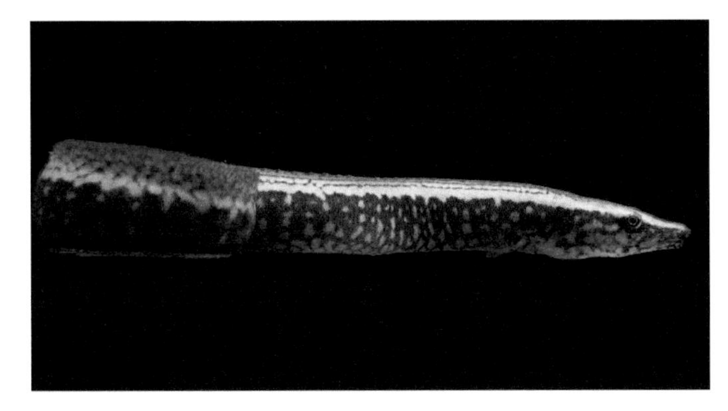

中华刺鳅侧部

分布地区：淇河、盘石头水库、洹河。

生活习性：中华刺鳅为浅淡水多水草处的底层肉食性杂鱼。生活于多水草的浅水区，主要以小虾、水生昆虫及其幼虫等为食，亦食小型鱼类。6 月繁殖。

颌针鱼目
Beloniformes

大颌鳉科 Adrianichthyidae

青鳉属 *Oryzias*

45．青鳉（*Oryzias latipes*）

别名：米鳉、稻田鱼、鱼目娘、亮眼鱼。

分类学地位：颌针鱼目、大颌鳉科、青鳉属、青鳉。

青鳉

形态特征：体长侧扁，背平直，腹圆呈弧形。头大适中，头顶平宽。吻稍长，平扁。口上位，横列，浅弧形。眼大，侧上位。体被薄而透明的颇大圆鳞。无侧线。背鳍基端，位于体背远后方；胸鳍侧上位，腹鳍较短小，臀鳍基底较长，尾鳍稍显大，后缘较平截。体背侧部青灰色，侧下部银白色，沿背中线及体侧中线各有一条深色纵纹；各鳍浅黄色。

青鳉形态特征

分布地区：全市各水域。

生活习性：生活于平地之池沼及河川水流缓慢处，水草茂盛处尤多。对盐分及高温耐性强，即使在盐田或温泉亦有存在。喜群游于水之表层，以枝角类、桡足类为食。

胡瓜鱼目

Osmeriformes

胡瓜鱼科 Osmeridae

公鱼属 *Hypomesus*

46. 西太公鱼（*Hypomesus olidus*）

别名：黄瓜鱼。

分类学地位：胡瓜鱼目、胡瓜鱼科、公鱼属、西太公鱼。

西太公鱼

形态特征：体细长稍侧扁，头小而尖，头长大于体高。口大，前位，上、下颌及舌上均具有绒毛状齿。上颌骨后延不达眼中央的下缘，眼大。鳞大，侧线不明显。背鳍较高，其高大于体高；脂鳍末端游离呈屈指状；胸鳍小；尾柄很细，其高度仅等于眼径，尾鳍分叉很深。背部为草绿色，稍带黄色；体侧银白色；鳞片边缘有暗色小斑；各鳍为灰黑色。

西太公鱼形态特征

西太公鱼头部

西太公鱼脂鳍和尾部特写

分布地区：盘石头水库。

生活习性：喜低温，在水温28℃以下水域能正常生活，最适温度为10～22℃，是以浮游动物为主的杂食性鱼类，主要食物有轮虫、枝角类、桡足类，也可摄食底栖动物、昆虫及单细胞藻类等。繁殖期11月，产完卵的亲鱼陆续死亡。

陈宜瑜，1988. 中国动物志硬骨鱼纲鲤形目（中卷）[M]. 北京：科学出版社.

成庆泰，郑葆珊，1987. 中国鱼类系统检索[M]. 北京：科学出版社.

褚新洛，郑葆珊，戴定远，1999. 中国动物志硬骨鱼纲鲇形目 [M]. 北京：科学出版社.

李明德，2013. 鱼类分类学 [M]. 天津：南开大学出版社.

新乡师范学院生物系鱼类志编写组，1984. 河南鱼类志 [M]. 郑州：河南科学技术出版社.

张觉民，何志辉，郑元维，等，1991. 内陆水域渔业资源调查手册 [M]. 北京：农业出版社.

朱松泉，1995. 中国淡水鱼类检索[M]. 南京：江苏科学技术出版社.